BEI GRIN MACHT SICH IHR WISSEN BEZAHLT

AF173415

- Wir veröffentlichen Ihre Hausarbeit,
  Bachelor- und Masterarbeit

- Ihr eigenes eBook und Buch -
  weltweit in allen wichtigen Shops

- Verdienen Sie an jedem Verkauf

Jetzt bei www.GRIN.com hochladen
und kostenlos publizieren

GRIN☺

Robert Schneider

Die Alpen - Eine klimatische Differenzierung

GRIN Verlag

Bibliografische Information der Deutschen Nationalbibliothek:

Die Deutsche Bibliothek verzeichnet diese Publikation in der Deutschen National-
bibliografie; detaillierte bibliografische Daten sind im Internet über http://dnb.d-
nb.de/ abrufbar.

Impressum:

Copyright © 2008 GRIN Verlag GmbH
Druck und Bindung: Books on Demand GmbH, Norderstedt Germany
ISBN: 978-3-640-27807-7

Dieses Buch bei GRIN:

http://www.grin.com/de/e-book/122792/die-alpen-eine-klimatische-differenzierung

GRIN - Your knowledge has value

Der GRIN Verlag publiziert seit 1998 wissenschaftliche Arbeiten von Studenten, Hochschullehrern und anderen Akademikern als eBook und gedrucktes Buch. Die Verlagswebsite www.grin.com ist die ideale Plattform zur Veröffentlichung von Hausarbeiten, Abschlussarbeiten, wissenschaftlichen Aufsätzen, Dissertationen und Fachbüchern.

Besuchen Sie uns im Internet:

http://www.grin.com/

http://www.facebook.com/grincom

http://www.twitter.com/grin_com

Inhaltsverzeichnis

1. Einleitung

Die Alpen verlaufen in einem weiten Bogen durch Mitteleuropa. Der Gebirgszug befindet sich zwischen 44° und 48° nördlicher Breite und zwischen 6° und 16° östlicher Länge. Anteil an dem Hochgebirge mit den höchsten Gipfeln Europas haben Italien, Monaco, Frankreich, die Schweiz, Liechtenstein, Österreich, Deutschland und Slowenien. Teile der Grenzen zwischen einzelnen Staaten verlaufen über Bergkämme und Gipfel. Insgesamt erstreckt sich dieses Gebirge über eine Fläche von 181.500 km². Von seinem Westrand am Golf von Genua bis zu seinem Ostrand nahe der Ungarischen Tiefebene, haben die Alpen eine Länge von 1200 km.[1] Heute leben in den Alpen etwa 11 Millionen Menschen in ungefähr 6000 Gemeinden. Die höchsten Lagen der Alpen sind das ganze Jahr über mit Schnee und Eis bedeckt, höchster Alpengipfel (und höchster Berg Europas) ist der Mt. Blanc mit 4807 Metern.

Der Anteil Deutschlands an der Fläche der Alpen ist mit 2,2 % bescheiden. Er liegt vollständig in den nördlichen Ostalpen und er erreicht eine maximale Breite von 35 km.

Zur Gebirgsbildung der Alpen gehören die kaledonisch-variskische und die alpidische Gebirgsbildung. In der kaledonisch-variskischen Gebirgsbildung (vor ca. 450-280 Millionen Jahre) wurden acht kleinere Gebirge in die spätere Alpenbildung miteinbezogen. Die Alpidische Gebirgsbildung lässt sich in drei Phasen zusammenfassen. In der Phase der Sedimentation (vor ca. 200-100 Millionen Jahre) drifteten die Eurasische und die Afrikanische Platte auseinander und das Meer Tethys[2] entstand. In der darauffolgenden Faltungsphase (vor ca. 100-20 Millionen Jahre) driftete die Afrikanische Platte nach Norden, wobei die Tethys zusammengeschoben wurde. Die West-Ost-Kettenform und der bogenförmige Verlauf der Westalpen entstanden. Durch Druck und hohe Temperaturen wurden die Sedimentdecken, die sich vorher am Boden der Tethys abgelagert haben, verfestigt und waagerecht gefaltet. Die Afrikanische schob sich auf die Eurasische Platte und sie verzahnten sich keilförmig. In der Hebungsphase (vor ca. 20 Millionen Jahre) führte der Druck der Afrikanischen Platte zu einer weiteren Hebung der Gesteine und die Decken

---

[1] DONGUS 1984: 389
[2] Damit gemeint ist das große Meer, welches sich Paläozoikum bis ins Tertiär von Europa bis Südostasien erstreckte.
LESER [13]2005: 949

1

wurden nach Norden hin bewegt und übereinander geschoben. [3]

Während der Eiszeiten der letzten zwei Millionen Jahre wurde die Oberfläche der Alpen von Gletschern überformt. Gemeinsam sind allen Teilräumen starke glaziale Überprägungen während der quartären Vereisungen – insbesondere währen der Würm-Kaltzeit.

Nicht nur aus kultureller, sondern auch aus klimatologischer Sicht bedürfen die Alpen einer Untergliederung. Da dieses Gebirge im Übergangsbereich zwischen dem Atlantischen Ozean, dem Mittelmeer und der großen europäischen Landmasse liegt, führt das zu einer notwendigen Unterscheidung der Alpen in mehrere Klimaräume.

Nach der effektiven Klimaklassifikation von Köppen und Geiger, liegt Mitteleuropa in den warm gemäßigten Breiten. Es gibt ca. 6-9 humide und 3-6 aride Monate, somit ist das Klima semihumid. Das Klima der Alpen bezeichnet man als Cfb – Klima, in wenigen Regionen, wie zum Beispiel der Zugspitze, herrscht allerdings ET – Klima. Allgemein werden in den Alpen geringere Temperaturen als im Rest von Mitteleuropa erreicht. Dies liegt vor allem daran, dass Temperaturen mit der Höhe abnehmen. [4]

Mitteleuropa befindet sich in der Westwindzone, das heißt, der Großteil der Winde kommt aus dem Westen. Über dem Meer reichern sich die Luftmassen mit Feuchtigkeit an und regnen sich später über Land aus. Das bringt zur Folge, dass die Niederschläge Richtung Osten hin abnehmen. Die Alpen stellen ein orographisches Hindernis für diese Luftmassen dar. Warme Luftmassen müssen aufsteigen, wobei es zur Abkühlung und Wolkenbildung kommt. Bis sie ihr Kondensationsniveau erreicht haben, erfolgt die Temperaturabnahme trockenadiabatisch (0,98 K/ 100 m), danach feuchtadiabatisch (>0,98 K/ 100 m). Man spricht dann von orographischem oder auch Steigungsregen. [5] Besonders in den Westalpen sind enorm hohe Niederschläge möglich.

Die Windströmungen werden durch die Alpen erheblich modifiziert. Zum einen durch die Luv- und Lee-Effekt in Form des Föhns. Zum anderen kann es südlich der Alpen zeitweise zu einer Lee-seitigen Zyklogenese kommen, die man dann „Genuazyklone" nennt. [6]

Die West-Ost-Erstreckung der Alpen stellt für Europa eine Klima- beziehungsweise Wetterscheide in Nord und Südeuropa dar. Aber auch von West nach Ost findet ein Wechsel von atlantisch zu kontinental geprägten Gebieten statt.

---

[3] BÄTZING 1997 :97-99
[4] MÜLLER 1987 : XI
[5] LAUER & BENDIX 2006: 88
[6] WANNER 1980: 118

In der Arbeit sollen die unterschiedlichen Klimate der verschiedenen Alpenregionen untersucht werden. Hierfür wurde von den beiden Autoren versucht, die Alpen in sechs relevante Bereiche einzuteilen: Die Nord-, West-, Ost-, Süd- und die Zentralalpen, sowie das Alpenvorland sind die Teilgebiete dieser Hausarbeit.

Im Folgenden soll der Frage nachgegangen werden, worin die Besonderheit der Alpen gegenüber anderen Klimastationen Deutschlands liegt. Dafür sollen verschiedene Klimadiagramme der Alpenregionen untersucht und ausgewertet werden. Das Fazit wird dazu dienen, die Brücke zu Deutschland zu werfen und die Unterschiede sollen in diesem Teil der Arbeit deutlich gemacht werden. Jedoch soll nicht nur untersucht werden, was die Alpen von Deutschland unterscheidet, viel mehr wird auch der Grund für diese Differenzen gesucht und wenn möglich sollen Gemeinsamkeiten zum Vorschein kommen.

2. Das Alpenvorland

Das Vorland der Alpen lässt sich in drei Zonen untergliedern. Dem albnahen Bereich, welcher auffällig durch seine terrassierten Schmelzwasserrinnen ist; die tiefer liegenden Schotterplatten und die Tertiärhügelländer und zuletzt die jungen Talsohlen[7]. Das Alpenvorland hat im Gegensatz zu den Alpen keine räumliche Variation der Lufttemperatur. Durch die Schwäbische Alb und den Bayerischen Wald kann die Kaltluft in der Donauregion angesammelt werden und das Gebiet ist dadurch im Winter relativ kalt. In den Sommermonaten ist diese thermische Veränderung wieder aufgehoben[8]. Eine Ausnahmestellung nimmt dabei der Bodensee ein, welcher sowohl im Winter als auch im Sommer eine relativ warme Region darstellt. Die sommerliche Wärme wird durch die stabile, vertikale Schichtung des Sees begründet[9]. Im Jahresmittel werden am im Alpenvorland rund 50 heitere Tage gezählt, jedoch schneidet das Vorland in der Statistik der trüben Tage am schlechtesten mit 150 Tagen ab[10].

---

[7] DONGUS 1982: 402
[8] LIEDTKE & MARCINEK [2]1995: 110
[9] Im Sommer liegen die Durchschnittstemperaturen um die 18 Grad Celsius und im Winter um die 0 Grad Celsius.
LIEDTKE & MARCINEK [2]1995: 110
[10] FLIRI 1974: 61

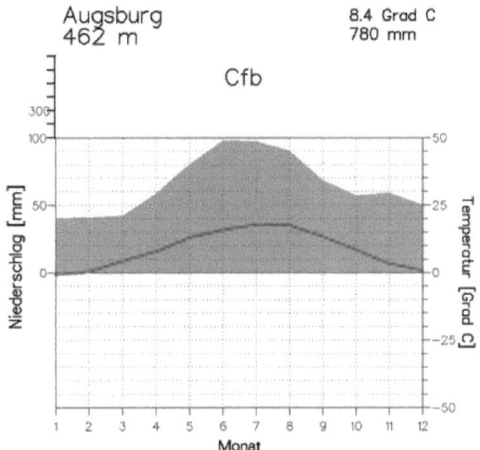

Quelle: www.klimadiagramme.de

Der Jahresgang des Niederschlages der Region weist ein Maximum in den Sommermonaten auf, in den Winter- und Herbstmonaten scheint sich der Niederschlag zu verringern. Die Temperaturen erreichen ihr Maximum im Juli und sinken im Winter unter den Nullpunkt[11].

Eine weitere Besonderheit des Alpenvorlandes sind die Luv- und Lee- Windsysteme, die in diesen Gebieten herrschen. Die Lee- Erscheinungen tragen in den Alpen einen besonderen

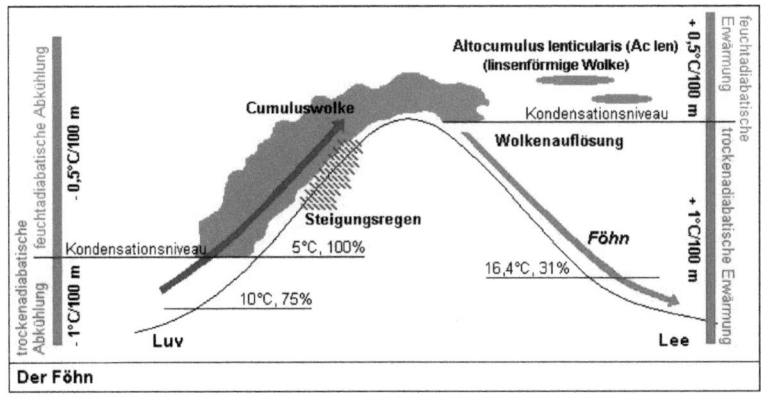

Quelle: http://www.m-forkel.de/klima/grafiken/foehn.gif

---

[11] Vgl. dazu das Klimadiagramm von Augsburg.

Namen. Hier spricht man vom Föhn, wenn man über den warmen und trockenen Wind redet, welcher nach dem Überqueren eines Gebirges entsteht[12].

Auf der Luv- Seite des Gebirges kommt es zu Hebung, Wolkenbildung und Niederschlag, die Lee- Seite zeichnet sich hingegen durch Trockenheit und Erwärmung aus[13]. Der nördliche Alpenrand liegt häufig im Luv-Gebiet, was zu Staueffekten führen kann. Diese Staueffekte wirken sich auf Niederschlag der Regionen auf, sodass der Jahresgang der Niederschläge in Augsburg bei 780mm und in Kempten schon bei 1272mm liegt[14].

3. Die Ostalpen

Die Ostalpen erstrecken sich vom Bodensee entlang des Rheins zum Comer See und dem Lago Maggiore. Sie durchziehen ganz Österreich und nehmen fast die Hälfte des gesamten Alpenbogens ein. Nach Osten hin wird das Gebirge breiter, da es nicht so stark zusammengeschoben wurde wie der westliche Teil. Bei Tirol erreicht es seine größte Ausdehnung von über 240 km.[15] Die Ostalpen werden in die nördlichen und südlichen Kalkalpen sowie in die zentralen Ostalpen Österreichs gegliedert. Zu den nördlichen Kalkalpen gehören auch die Bayerischen Alpen. [16]

Die Ostalpen unterliegen einem starken kontinentalen Einfluss: Es herrschen hohe Sommer- und niedrige Wintertemperaturen. Auch hier nimmt der Niederschlag vom Alpenvorland auf die Alpen hin zu. Aufgrund von Tiefdruckgebieten im Westen, herrscht in den Ostalpen ganzjährig hoher Niederschlag. Die ostalpinen Beckengebiete und Täler haben allerdings nur eine geringe Regenmenge. Die Ostalpen gehören dem mitteleuropäischen Klimatyp, mit Niederschlagsmaximum im Sommer und Minimum im Winter, an.[17] Allerdings lässt sich eine Unterscheidung der Kalkalpen nicht vermeiden: ein atlantisch geprägter Westteil und ein eher trockener Ostteil.[18]

Hinsichtlich der vertikalen Lufttemperaturverteilung können die Alpentäler abweichen, besonders im Winter. In Becken-, Mulden-, Tallagen kann sich bei nächtlicher Ausstrahlung und geringer Luftbewegung Kaltluft sammeln und stagnieren. Es bilden sich sogenannte

---

[12] HUPFER & KUTTLER [12]2006: 362
[13] SCHÖNWIESE [2]2003: 174 f.
[14]Vgl. Für Augsburg: http://www.klimadiagramme.de/Deutschland/augsburg2.html und für Kempten: http://www.klimadiagramme.de/Deutschland/kempten.html .
[15] DONGUS 1984: 389
[16] STEINHEIL [7]1969:5
[17] MEURER 1984: 396
[18] NAGL 1984: 61-62

Kaltluftseen. Infolge der Beschattung kommt es dabei zu einem Strahlungsdefizit mit entsprechend geringeren Temperaturen im Tal.[19] Vor allem bei windschwachen Hochdrucklagen im Winter, kann es in Tallagen mehrere Tage hintereinander zur Temperatur-Inversion kommen. In größeren Höhen erwärmt sich dafür die Luft mehr und befindet sich auf der kälteren des Tals. Über dem Tal liegt dann eine relativ dichte Wolkendecke, darüber strahlt der blaue Himmel.[20] Dies bringt eine Temperaturzunahme statt der normalen höhenbedingten Abnahme mit sich. Wegen der stabilen Schichtung ist der Luftmassenaustausch unterbunden. [21] Bei hohem Verkehrsaufkommen, zum Beispiel in touristischen Regionen, führt dies zu einer enormen Schadstoffanreicherung, die der von Großstädten gleichkommt. Waldrodungen verstärken diesen Effekt zusätzlich. Außerdem erhöht sich so die jährliche Temperaturschwankung beträchtlich. Im Sommer kann es in diesen Gebieten vermehrt zu Gewittern kommen. Hochlagen dagegen weisen eher ein ozeanisch geprägtes, ausgeglicheneres Klima auf.[22]

Es gibt aber auch begünstigte Täler, in denen der Föhn sogar bis zur Talsohle stoßen kann, sodass es dann auch im Winter zu hohen Mitteltemperaturen kommt. Dass es besonders zu dieser Jahreszeit in diesen Tälern auffallend warm ist, liegt an der größeren Föhnhäufigkeit im Winter. Im Sommer sind die Temperaturen sowieso warm und reagieren schwächer auf den Föhn.

Klagenfurt befindet sich in der größten Beckenlandschaft der Ostalpen in der Nähe des Wörther Sees. Die Stadt liegt bei 46° 39' nördlicher Breite und 14° 20' östlicher Länge 476m über dem Meeresspiegel. Charakteristisch für die Ostalpen sind die Winter hier kalt und die Sommer eher warm. Von Dezember bis Februar liegen die Temperaturen unter 0°C, das Minimum beträgt -4,6°C im Januar. Im Sommer werden dann Durchschnittswerte von bis zu 18,4°C im Juli erreicht. Auffallend sprunghaft steigen die Temperaturen von März auf April, sowie von April zu Mai, beziehungsweise fallen sie von Oktober zu November, sowie von November zu Dezember. Die Jahresmitteltemperatur beträgt 7,7°C.

Gemäß dem Klima der Ostalpen, liegt das Niederschlagsmaximum im Sommer, im Juli fällt rund 116mm Niederschlag. Im Vergleich dazu liegt das Minimum bei gerade mal 36mm im Januar. Der Jahresdurchschnittswert liegt bei 901mm.

---

[19] LIEDTKE & MARCINEK [2]1995:111
[20] BÄTZING 1997: 132
[21] LESER [13]2005: 943
[22] MEURER 1995: 396

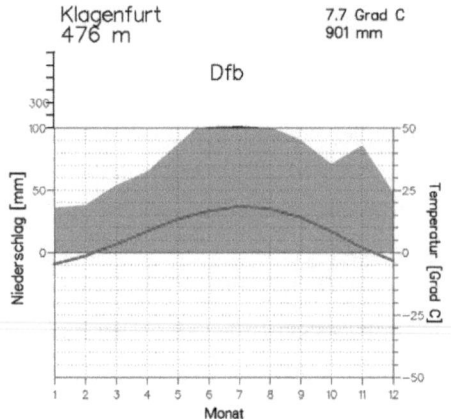

Klagenfurt
476 m

7.7 Grad C
901 mm

Dfb

Quelle: www.klimadiagramme.de

Eine Stauwirkung ist nur bei den Großwetterlagen Nordwest und Nord gegeben, so dass im späten Frühjahr/ Sommer die höchsten Niederschlagssummen an den Alpenrandketten auftauchen. Aber auch im Winter erhalten die deutschen Alpen noch reichlich Niederschlag.[23]

Im Gegensatz zur höhenbedingten Strahlungszunahme fallen die Lufttemperaturen beim Anstieg - im Normalfall 0,5K/100m. Die thermischen Höhenstufen schwanken in den Alpen aber je nach Höhenlage; bis 1700 m ist die Temperaturabnahme geringer, darüber stärker und regelmäßiger. Dies führt zu einem verspäteten Frühlingsanfang und einem verfrühten Herbstbeginn in der Höhe, was die Vegetationszeit erheblich verkürzt. [24]

Zu dem Föhn kommen Windsysteme hinzu, die ebenfalls auf das Lokalklima großen Einfluss haben: Berg-Tal-Winde und Hangwinde. Grundlage ist die verschiedene Erwärmung von Talgrund und Talhängen. Tagsüber erwärmt sich die Luft in den Tälern schneller, steigt und weht als Talwind zum Gebirgskamm. Nachts kühlt sich die Luft über höher gelegenen Bergabschnitten stärker ab und wird schwerer. Sie fließt als Bergwind langsam talabwärts.[25]

Der Bergwind setzt abends wenige Stunden nach Sonnenuntergang ein und hält bis in den nächsten Vormittag. Hangwinde entstehen durch die Aufwärtsbewegungen von warmer, am Hang liegender Luft. [26] [27]

---

[23] LIEDTKE & MARCINEK [2]1995: 114
[24] BURGA & KLÖTZLI & GRABHERR 2004: 22
[25] LAUER& BENDIX [2]2006: 161-163
[26] LESER [13]2005: 86

4. Die Nordalpen

Die Nordalpen sollen in dieser Arbeit am Beispiel des Gebietes von Nordtirol dargestellt werden. Tirol liegt im Grenzbereich zwischen atlantischem, kontinentalem und mediterranem Einfluss. Besonders vorherrschend ist das Gebirgsklima. Feuchte Sommer, trockener Herbst, schneereiche Winter und starke lokale Unterschiede kennzeichnen das Klima.

Bedeutung für die Temperaturen hat die mittlere Höhe von Tirol, welches sich vom Norden bis zum Süden der Alpen erstreckt. Bis auf die Umgebung von Kufstein liegen die Siedlungen über 500 m hoch. Das Gebirge verringert die mögliche Sonneneinstrahlung, besonders in den schmalen Nord-Süd-Tälern wie dem Ötztal.

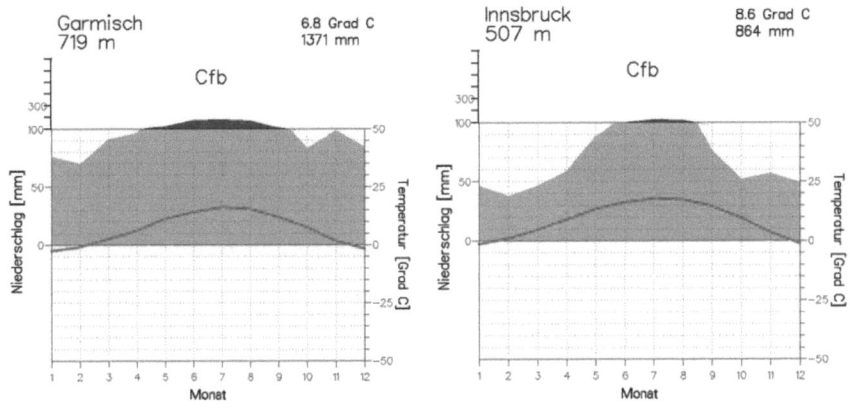

Quelle: www.klimadiagramme.de

Als Beispiel für dieses Gebiet, sollen hier die Klimadiagramme von Innsbruck, welches in Nordtirol gelegen ist und von Garmisch-Partenkirchen erläutert werden. Ein Niederschlagshoch ist in den Nordalpen im Sommer wegen des europäischen Sommermonsuns zu verzeichnen. Die Staueffekte vom Luv- und Lee- Windsystem, welche schon im Alpenvorland zum Erscheinen kommen, werden im nördlichen Teil der Alpen noch deutlicher und nehmen Einfluss auf das Niederschlagsverhalten der Region. Das Ausmaß des Windsystems kann man auch im Vergleich der Diagramme von Augsburg und Garmisch-Partenkirchen analysieren. Augsburg ist im Alpenvorland gelegen und weist einen deutlich

---

[27] REISHAUER 1909: 98

8

geringeren Jahresgang des Niederschlags im Gegensatz zu Garmisch auf[28]. Trotzdem kann man von dem Staueffekt nur bei den Großwetterlagen Nordwest und Nord reden[29]. Die Häufigkeit dieser Großwetterlagen verteilt sich vom Frühjahr bis zum Sommer, was man auch anhand der Klimadiagramme erkennen kann. Beim Diagramm von Garmisch kann man erkennen, dass die Nordalpen trotz des Niederschlagmaximums im Sommer, auch in den anderen Jahreszeiten mit viel Niederschlag auskommen müssen. Jedoch kann man kein Maximum realisieren.

Erstaunlich bei der Betrachtung der Diagramme von Innsbruck und Garmisch-Partenkirchen ist das Niederschlagsverhalten der beiden Regionen. Obwohl Innsbruck südlicher als Garmisch gelegen ist, ist der Jahresgang des Niederschlags deutlich geringer als in Garmisch. Die räumliche Verteilung der Lufttemperatur wird in den Nordalpen durch die Höhenlage bestimmt[30]. Im Vergleich zu anderen deutschen Gebirgen, weisen die Alpen keine Besonderheiten auf. Im Vergleich zum Brocken[31] oder dem Fichtelberg[32] kann man keinen deutlich hervortretenden Unterschied erkennen. Alle genannten Gebirge haben ein Temperaturminimum im Winter und ein Maximum im Sommer. Lediglich das Niederschlagsverhalten ist am Brocken unterschiedlich im Vergleich zu den Nordalpen. Doch wenn man das Klimadiagramm von Obersdorf, welches auch in den Nordalpen gelegen ist, dazu nimmt und es mit dem Brocken vergleicht, dann kann wiederum kein Unterschied erkannt werden[33].

Die Region wird außerdem geprägt durch das Auftreten einer antizyklonalen Absinkinversion während des Winters. Deswegen treten in den Nordalpen nur sehr wenige Wolken zu dieser Jahreszeit auf. [34]

---

[28] Vgl. Für Augsburg: http://www.klimadiagramme.de/Deutschland/augsburg2.html und Für Garmisch-Partenkirchen: http://www.klimadiagramme.de/Deutschland/garmisch2.html.
[29] LIEDTKE & MARCINEK [2]1995: 114
[30] LIEDTKE & MARCINEK [2]1995: 110
[31] http://www.klimadiagramme.de/Deutschland/Plots/brocken_3.gif.
[32] http://www.klimadiagramme.de/Deutschland/Plots/fichtelberg_3.gif.
[33] http://www.klimadiagramme.de/Deutschland/Plots/oberstdorf.gif.
[34] LIEDTKE & MARCINEK [2]1995: 111

5. Die Südalpen

Zu den Südalpen gehören die Dolomiten, die Südkarawanken und die Karnischen Alpen. Von ihrer Form her erinnern die Südalpen stark an die nördlichen Kalkalpen - mit schroffen Graten, steilen Abfällen und mächtigen Schuttablagerungen.

Wegen unsteter Tiefdruckentwicklung im Mittelmeerbereich, schwankt die Niederschlagsmenge in den Südalpen im Winter. Im Frühjahr fällt der Niederschlag besonders am Nord- und Südrand des Gebirges. Im wärmeren, mit maritimer Luft versorgten Süden fällt er oft in Form von Starkniederschlägen: an weniger Regentagen fällt hier eine vergleichbare Menge an Niederschlag wie im Norden des Gebirges. Die Intensität ist also viel höher. Ostlagen führen dabei im Frühjahr, aber auch im Herbst, im Süden zu hohen Tagessummen.[35] Es kam sogar schon vor, dass die im inneralpinen Trockenraum gefallene Niederschlagsmenge eines Jahres, der eines Tages in den Südalpen gleich kam. [36]

Die polaren Kaltluftvorstöße von Norden merkt man hier nur noch in abgeschwächter Form, stattdessen wirkt sich die Nähe zum atlantischen Ozean im Winter wärmend, im Sommer kühlend aus. Vor allem die milden Winter zeichnen die Südalpen aus. Bei einem geringeren Bewölkungsgrad erreichen die Jahresmitteltemperaturen um ca. 2°C höhere Werte als auf der Nordseite.

Wegen der meridionalen Zirkulation kommt es in den Südalpen vor allem im Herbst und Frühjahr zum Südstau, was bedeutet, dass der südliche Teil der Alpen im Luv-Bereich liegt. Deswegen komm es vorherrschend in diesen Jahreszeiten zum Niederschlag.[37]

Besonders begünstigt werden dabei die oberitalienschen Seen, wie zum Beispiel der Gardasee.

Am Beispiel der Stadt Lugano im Kanton Tessin im Süden der Schweiz soll das Klima der Südalpen veranschaulicht werden. Lugano liegt auf 8° 58' östlicher Länge und 46° 00' nördlicher Breite 273 m über dem Meeresspiegel. Wie es für die Südalpen charakteristisch ist, sind die Winter in Lugano mild. Sicherlich trägt aber auch der Luganer See zu den milden Wintertemperaturen, die nie unter 0°C reichen, bei. Der kälteste Monat ist der Januar, in dem es im Durchschnitt immer noch 2,5°C warm ist. Die Jahresmitteltemperatur liegt bei 11,3°C, das Maximum wird im Juli mit 20,3°C erreicht.

---

[35] KERSCHER 1989:
[36] FLIRI 1974: 11
[37] FLIRI 1974: 10

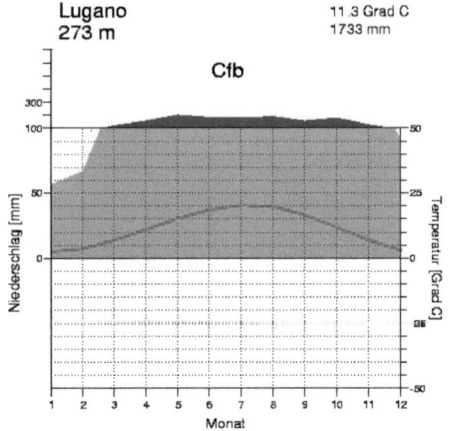

Quelle: www.klimadiagramme.de

Trotz der geringen Höhe Luganos fallen hier rund 1733 mm Niederschlag im Jahr. Der höchste Wert lässt sich mit 204 mm im Mai verzeichnen. In den Wintermonaten von Dezember bis Februar fällt hier, mit einem Minimum im Januar von 57mm, deutlich weniger Niederschlag als im Rest des Jahres.

6. Die Westalpen

Die Westalpen entstanden im Zusammenhang mit der Kontinentalverschiebung, als sich die Afrikanische Platte nach Norden verschob und sich dadurch an den variskischen Gebirgen des französischen Zentralmassives und der Böhmischen Platte staute. Durch diesen Vorgang, bei dem der Druck auf die Westalpen größer war als auf die Ostalpen, bildete sich die West-Ost-Kettenform und die bogenförmige Gestalt der Westalpen heraus[38].

Durch den hohen Druck und die hohe Temperatur auf das westalpine Gebirge, wurden die Sedimentdecken verfestigt und waagerecht gefaltet und im Laufe der Jahre wurde die Hebung der Gesteine immer weiter fortgeführt[39]. In der Gegenwart gleichen sich die Hebungs- und Abtragungsvorgänge aus[40].

---

[38] BÄTZING 1997: 99
[39] BÄTZING 1997: 99
[40] BÄTZING 1997: 101

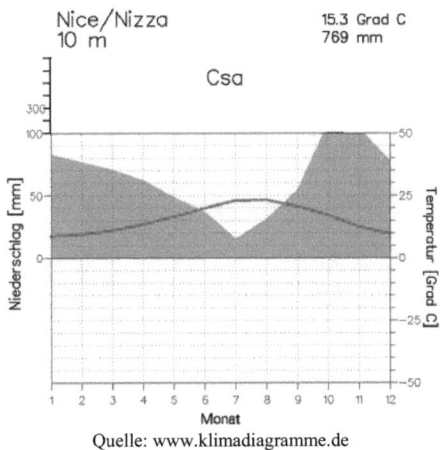

Quelle: www.klimadiagramme.de

Das Klima der Westalpen ist sehr unterschiedlich und von verschiedenen Einflüssen geprägt.

Der Norden des Gebietes wird von der gemäßigten Klimazone Mitteleuropas bestimmt, wogegen der Süden von der mediterranen Lage in Anbindung an das Mittelmeer profitiert. Diese Lage lässt sich auch gut im Klimadiagramm von Nizza erkennen. Das Klima ist geprägt durch starke Regenfälle im Herbst und im Winter und einem Niederschlagsminimum im Sommer. Die Temperaturen deuten auch auf ein mediterranes Klima hin, da sie im Winter nicht unter 0 Grad Celsius abfallen und der Gegensatz zwischen einem warmen Sommer und einem kalten Winter deutlich wird. Die Sommertage sind durch eine lange Sonnenscheindauer geprägt. Kurz gesagt sind für Nizza trockene, heiße Sommer und regenreiche, milde Winter charakteristisch. Auch alpine Klimaeinflüsse findet man in den zentralen Westalpen vor, welche sich in niedrigen Temperaturen und Schneefall deutlich machen lässt. Im Gebirge ist dazu ein deutlicher Temperaturabfall mit zunehmender Höhe zu verzeichnen[41]. Die Westalpen sind im Gegenteil zu den Ostalpen feuchter und ozeanischer, da sie sich von dem feuchten Westeuropa einen Vorteil verschaffen können. Die Ostalpen hingegen müssen das trockene Klima von Osteuropa verarbeiten[42]. Der westalpine Teil befindet sich quer zur Streichrichtung der Westwinde. Dadurch ist der nördliche Teil der Westalpen stark von Niederschlägen geprägt.

---

[41] http://www.frankreich-sued.de/regionen-server/alpen/klima.htm
[42] BÄTZING 1997: 138

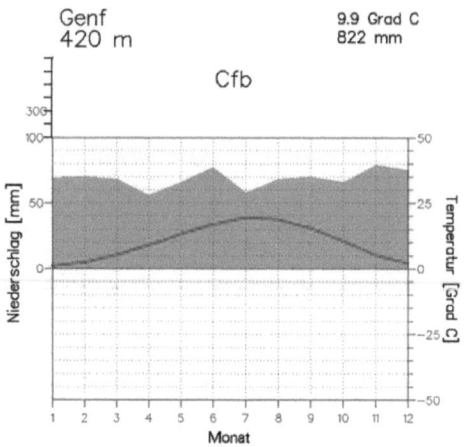

Genf
420 m

9.9 Grad C
822 mm

Cfb

Im Vergleich zu Nizza erkennt man sofort den Unterschied des Klimas in Genf. Der Niederschlagswert ist über das Jahr verteilt sehr konstant und es gibt keinen Gegensatz zwischen Winter und Sommer. Genf hat dazu noch ein gemäßigtes Klima mit warmen Sommern und kalten Wintern. Auch bei dieser Betrachtung kann man den Unterschied zwischen Nizza und Genf erkennen. Die Niederschläge, welche man in Genf noch vermehrt beobachten kann, nehmen nach Süden in Richtung Nizza ab und die Jahresniederschlagsmenge nimmt von den Außenrändern der Westalpen nach Innen ab[43].

7. Die Zentralalpen

Die Zentralalpen beherrschen die Ostalpen wie ein mächtiges Rückgrat, reichen aber noch bis in die Westalpen hinein. Sie haben eine Längserstreckung von etwa 480 km, eine Breite von 75-120 km und Höhen von weit über 3000 m im Westen und 2000 m im Osten. Sie sind in einige, lange Längstäler gegliedert, wie zum Beispiel das Rhonetal, das Nordrheintal und Engadin. Der Großglockner ist mit 3797 m in den Hohen Tauern der höchsten Gipfel.

Die aus kristallinem Gestein aufgebauten Zentralalpen haben ein ausgeprägtes, eigenes

---

[43] Vgl. hierzu die Klimadiagramme von Nizza und Genf mit den Diagrammen von Reschenpass (604mm Jahresniederschlag), Toblach (731mm Jahresniederschlag) und Sion (572mm Jahresniederschlag).

Klima.[44]

In der Inneralpinen Zone macht sich ein Ansteigen der Temperaturen bemerkbar. Die inneralpinen Talböden haben hohe Temperaturmaxima, da sie im Lee-Bereich der Gebirgszüge liegen. Es herrscht hohe Sonneneinstrahlung, während die Gipfel meist bewölkt sind. Gleichzeitig sind die Talböden hier vom Niederschlag geschützt. Die Höhe des Jahresniederschlags nimmt von den Randalpen zu den Innenalpen hin ab. Das Ergebnis sind ausgedehnte inneralpine Trockentäler. Abgeschirmt vom Niederschlag und kalten Luftmassen aus Nord und Süd von den Randalpen, sind sie viel trockener als der restliche Teil der Alpen. Zu den trockensten Gebieten zählen vor allem das (Unter-) Wallis der Schweiz und der Vintschgau.[45] Besonders im Winter zeichnet sich die Trockenheit aus, wegen Tiefdruckgebieten über Nordeuropa und den Nordwestströmungen. Verstärkt wird die Trockenheit noch durch Föhnwinde, wobei der Südföhn am nachhaltigsten die Lufttemperatur erhöht und die relative Luftfeuchte reduziert.[46] Im Sommer sind die Täler etwas niederschlagsreicher. Der Jahresdurchschnitt des Niederschlags liegt bei 500 – 550 mm.

Auch hier kann es in den Tälern besonders im Winter zu einer Temperatur-Inversion kommen, sodass erhebliche Temperaturunterschiede zwischen Talboden und den Hängen entstehen. Häufig sind deswegen die weiter oben befindlichen Hänge mit Südexposition die Gunsträume.[47]

Der inneralpine Raum besitzt günstigere Strahlungs- und entsprechend günstigere Temperaturbedingungen. Bei gleicher Meeresspiegelhöhe ist es hier wärmer als an den Alpenrändern.[48]

Sion, zu deutsch Sitten, liegt im Kanton Wallis in der Schweiz bei 46° 13' nördlicher Breite und 7° 20' östlicher Länge. Obwohl die Stadt auf 482m liegt, fällt nur durchschnittlich 572mm Niederschlag im Jahr. Dies ist typisch für die trockenen, inneralpinen Gebiete. Die höchsten Werte liegen im Januar mit 62 mm und im August mit 57 mm.

Die Jahresmitteltemperatur in Sion liegt bei 8,5°C. Im Winter gehen die Temperaturen in den Minusbereich, das Minimum ist im Januar mit -1,6°C, zu verzeichnen. Die Sommer sind warm und die Temperaturen klettern im Juli bis auf durchschnittliche 18,1°C.

---

[44] MEURER 1984: 395
[45] BURGA & KLÖTZLI & GRABHERR 2004: 98
[46] MEURER 1984: 396
[47] MEURER 1994: 396
[48] BURGA & KLÖTZLI & GRABHERR 2004: 98

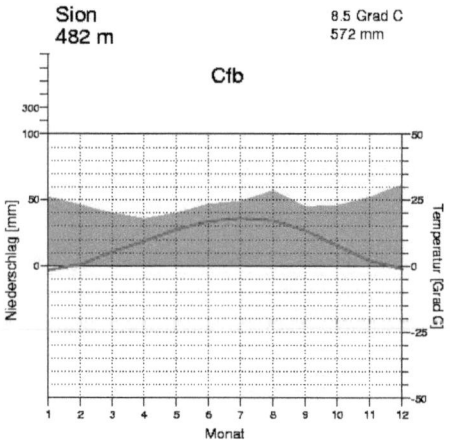

Quelle: www.klimadiagramme.de

Im Inneren der Alpen liegen alle Höhengrenzen wesentlich höher, teilweise sogar bis zu 200 - 300 Höhenmeter über denen des Alpensüdrandes. Weil sich hier die Wolken bereits ausgeregnet haben und Lee-Lage besteht herrscht hier eine sehr lange Sonnenscheindauer. Diese Trockenzone der Alpen ist jedoch von Gewässern durchzogen, die den Gletschern entspringen. Sie führen also auch im Sommer genug Wasser mit sich und werden zur künstlichen Bewässerung genutzt.[49]

8. Fazit

Die Alpen stellen in Europa einen einzigartigen Naturraum dar, welcher sich nicht nur durch seine klimatologischen Besonderheiten von anderen Orten Europas absondert. Schon der geringe deutsche Teil des Gebirges unterscheidet sich erheblich von den Klimastationen Deutschlands. Dabei muss man an dieser Stelle deutlich zwischen dem Alpenvorland und den nördlichen Alpen unterscheiden, in denen Teile der Bundesrepublik Deutschlands liegen. Das Alpenvorland unterscheidet sich kaum von anderen Klimastationen des Landes. Eine Besonderheit liegt in diesem Gebiet in der Donauregion, welche in den Wintermonaten die Kaltluft ansammelt und dadurch die Wintermonate relativ kalt erscheinen lässt. Dieser Unterschied wird jedoch in den Sommermonaten wieder ausgeglichen. Charakteristisch für das Vorland ist auch das Luv- und Lee-Windsystem, welches man deutlich spüren kann. Der

---

[49] BÄTZING 1997: 128

Föhn sorgt in den Städten für eine warme und trockene Luft, welche in keiner weiteren Region des Landes zu verzeichnen ist. In den Nordalpen kann man aber auch die Effekte des Lee- Systems erkennen. Hier kommt es zu mehr Niederschlag als im Alpenvorland. Im Unterschied zum Brocken oder zum Fichtelgebirge weisen die Nordalpen einen deutlich höheren Jahresgang des Niederschlags auf. Das Klimadiagramm des Brocken[50] gibt den Jahresgang mit 1594 mm an. Der Fichtelberg[51] hat einen Niederschlagsjahresgang von 1121 mm. Beide Stationen liegen über 1000 m über dem Meeresspiegel. Obersdorf[52] hingegen, welches sich nur 810 m über dem Meeresspiegel befindet, weist einen deutlich höheren Niederschlag von 1802 mm auf. Das ist keine Ausnahmeerscheinung, sondern spiegelt im Wesentlichen die Nordalpenregion Deutschlands wieder. Man könnte weitere Stationen hinzuziehen und würde das gleiche Ergebnis erzielen.

Die inneralpine Zone zeichnet sich durch einen Temperaturanstieg aus, da die Stationen im Lee- Bereich liegen und eine hohe Sonneneinstrahlung vorherrschend ist. Obwohl die Städte umkreist von Gebirgen sind, fallen sie durch relativ hohe Durchschnittstemperaturen auf. Der Vergleich zu anderen deutschen Gebirgen wurde schon im Kapitel über die Nordalpen gezogen, jedoch soll hier noch kurz vermerkt werden, dass es kaum einen Unterschied zwischen den Gebirgen gibt und man viele Gemeinsamkeiten finden kann.

Ganz generell werden die Alpen als „Wasserschloss Europas" bezeichnet, weil sie einen Wasserüberschuss haben[53]. Dieser wird zum Einen durch den Staueffekt des Gebirges und die dadurch entstehenden hohen Niederschlagsmengen verursacht. Zum Anderen nimmt mit der Höhe die Verdunstung ab, so dass es zu deutlich weniger Verdunstungsverlust in den alpinen Regionen kommt[54].

Während die Ostalpen stark kontinental beeinflusst sind, werden die Westalpen eher ozeanisch geprägt. Dieser Unterschied wird in der Verteilung des Niederschlags über das Jahr ersichtlich. Der kontinental geprägte Teil der Alpen erreicht das Niederschlagsmaximum im Sommer und ist im Winter eher trocken. Die Westalpen hingegen erreichen im Winter ein zweites Maximum des Niederschlags, was man deutlich an Hand der in dieser Arbeit vorgestellten Klimadiagramme sehen kann.

Die Alpen bilden zudem eine Grenze zwischen dem mitteleuropäischen und dem maritimen Klima. Der Norden zeichnet sich durch seine über das Jahr verteilten Niederschläge mit

---

[50] http://www.klimadiagramme.de/Deutschland/Plots/braunlage.gif
[51] http://www.klimadiagramme.de/Deutschland/Plots/fichtelberg_3.gif
[52] http://www.klimadiagramme.de/Deutschland/Plots/oberstdorf.gif
[53] BIRKENHAUER 1980: 175
[54] BIRKENHAUER 1980: 175

einem Sommermaximum aus. Das Klimadiagramm von Nizza zeigt dann deutlich den Gegensatz dazu. Das maritim beeinflusste Klima lässt die Niederschläge im Herbst und im Frühjahr zu einem Maximum gelangen. Dabei gibt es weniger Regentage, die jedoch durch Starkregen auffallen. Die hochalpinen Lagen werden geprägt durch eine deutliche Temperaturabnahme und durch eine höhere Sonneneinstrahlung.

Literaturverzeichnis

BÄTZING, W. (1997): Kleines Alpenlexikon: Umwelt, Wirtschaft, Kultur. München.

BIRKENHAUER, J. (1980): Die Alpen. Paderborn, München, Wien und Zürich.

BURGA, C.A. & F. KLÖTZLI & G. GRABHERR (Hrsg.) (2004): Gebirge der Erde. Landschaft, Klima, Pflanzenwelt. Stuttgart.

DONGUS, H. (1984): Grundformen des Reliefs der Alpen. Geographische Rundschau 36 (8): 389-394.

DONGUS, H.(1982): Schichtstufenlandschaft, Alpenvorland und Nordalpen-Gebiet. Naturräumliche Einheiten und ihre Nutzungen. Geographische Rundschau 34 (9): 402-403.

FLIRI, F. (1962):Wetterlagenkunde von Tirol: Grundzüge der dynamischen Klimatologie eines alpinen Querprofils. Innsbruck.

FLIRI, F. (1974): Niederschlag und Lufttemperatur im Alpenraum. Innsbruck.

HUPFER, P. & W. KUTTLER ([12]2006): Witterung und Klima. Wiesbaden.

LAUER, W. & J. BENDIX ([2]2006): Klimatologie. Braunschweig.

LESER, H. (Hrsg.) ([13]2005): Diercke Wörterbuch Allgemeine Geographie. München, Braunschweig.

LIEDTKE, H. & J. MARCINEK ([2]1995): Physische Geographie Deutschlands. Gotha.

MEURER, M. (1984): Höhenstufung von Klima und Vegetation. Erläutert am Beispiel der mittleren Ostalpen. Geographische Rundschau 36 (8): 395-403.

MÜLLER, M. J. ([4]1987): Handbuch ausgewählter Klimastationen der Erde. Mertesdorf.

NAGL, H. (1984): Das Klima des Waldviertels im Vergleich mit dem der Kalkvoralpen in Niederösterreich. In: Wiener Geographische Schriften 59/60: 59-66.

REISHAUER, H. (1909): Die Alpen. Leipzig.

SCHÖNWIESE, C.-D. ([2]2003): Klimatologie. Stuttgart.

STEINHEIL, O. ([7]1969): Bayerische Alpen. Baedekers Autoreiseführer. Stuttgart.

WANNER, H. (1980): Grundzüge der Zirkulation der mittleren Breiten und ihre Bedeutung für die Wetterlagenanalyse im Alpenraum. In: OESCHGER, H. & B. MESSERLI & M. SVILAR (1980): Das Klima. Analysen und Modelle. Geschichte und Zukunft. Heidelberg. 117-124.

http://www.frankreich-sued.de/regionen-server/alpen/klima.htm (20.01.2008)

http://www.klimadiagramme.de (20.01.2008)

http://www.m-forkel.de/klima/grafiken/foehn.gif (20.01.2008)